DE L'INFLUENCE

DES

CORPS JAUNES

SUR LA COAGULATION DU SANG CHEZ LE CHIEN

malgré l'injection

d'une substance anticoagulante (extrait de gui)

PAR

Francisque BOST

DOCTEUR EN PHARMACIE

DOCTEUR ÈS SCIENCES NATURELLES

PARIS

A. MALOINE, ÉDITEUR

25-27, Rue de l'École-de-Médecine, 25-27

——

1913

DE F. BOST

Étude de quelques médicaments nouveaux à inscrire au futur Codex.
Mémoire couronné par la *Société de Pharmacie.*

Étude sur la casse et la tourne des vins.

Préparation de l'albuminate double d'iodoforme et de thymol.

Toxicologie de l'ozone. Thèse présentée à la *Faculté de Médecine et de Pharmacie de Lyon.*

La constipation chez l'enfant.

De l'influence du sexe sur la coagulation du sang chez le chien.
Comptes rendus de l'*Académie des Sciences.* Paris, juillet 1910.

Des bouillies cupriques mouillantes et adhérentes.

INTRODUCTION

Au cours de diverses recherches sur la coagulation du sang et, en particulier, sur l'action anti-coagulante de l'extrait de gui, nous avons rencontré un certain nombre de faits qui nous ont paru assez intéressants pour donner matière à un travail spécial.

Ces recherches, nous en devions l'idée à M. le Professeur Dubois; et ce travail, c'est avec son approbation et sous sa haute direction que nous l'avons accompli.

En voici le bref exposé :

Après avoir reconnu le pouvoir anticoagulant de l'extrait de gui et fixé la dose nécessaire par kilog de poids vif d'animal pour l'obtenir, nous avons été très surpris de constater, chez certains animaux, une persistance de la coagulation.

Et ces animaux appartenaient toujours au sexe féminin.

Or, la vie génitale de ce sexe présentant des stades très divers, nous avons été amené à nous demander si les cas d'exception observés ne correspondaient pas à l'un ou l'autre de ces stades. Et l'expérience nous a effectivement montré qu'il y avait toujours correspondance avec un état ovarien constant : *la présence des corps jaunes.*

Ce point acquis, nous l'avons vérifié et précisé en créant expérimentalement, de toutes pièces, des états analogues chez des chiennes à ovaires jeunes, à ovaires vieux, ou ovariotomisées, auxquelles nous faisions des injections intra-veineuses d'extrait de corps jaunes.

Nous avons même voulu nous rendre compte si les corps jaunes ne pourraient pas engendrer les mêmes états dans le sexe masculin par une sorte d'interversion paradoxale des sexes.

Toutes ces expériences ont concordé dans leurs résultats. Aussi nous est-il désormais permis d'affirmer que c'est bien à la présence des corps jaunes dans les ovaires que la chienne doit, à certains moments, d'être immunisée contre l'action anticoagulante du gui.

Pendant la longue durée de ces minutieuses observations nous avons trouvé à la fois, en M. le Professeur Dubois, un maître infaillible et un guide affectueux, qui a bien voulu nous témoigner sa sympathie en nous faisant l'honneur d'accepter la présidence de notre thèse.

Au moment où nous recueillons le fruit de ses conseils si éclairés, qu'il nous permette de lui apporter ici l'hommage de notre profond respect et de notre vive gratitude.

Mais notre reconnaissance ne serait pas complète si

nous n'en offrions aussi la sincère expression à M. Couvreur, Chef des travaux, et chargé d'un cours complémentaire au laboratoire de physiologie générale et comparée de la Faculté des Sciences de Lyon, dont la bienveillance et les savantes indications nous ont été si précieuses en nous aidant, en outre, de sa très grande habileté expérimentale ; ainsi qu'à M. Clément, licencié ès sciences, qui ne nous a pas ménagé son utile concours. Et comme le présent a toujours son origine dans le passé, ce nous est un bien doux devoir de faire la part dans cette œuvre à deux maîtres disparus, qui ont le plus contribué à notre formation intellectuelle :

M. le Professeur Crolas, dont nous fûmes, pendant quatre ans, le préparateur au laboratoire de pharmacologie, et M. le Professeur Arloing, qui eut pour nous une bonté particulière pendant les deux années que nous avons passées au laboratoire de médecine expérimentale.

Nous ne saurions oublier leur mémoire.

LE GUI

Au cours de ce travail nous parlerons souvent du
gui. Il nous a donc paru indispensable de faire un
résumé de sa pharmacologie.

Le gui (*viscum album des anciens*) a été de tout
temps en crédit dans la pharmacopée. Les vieux
auteurs s'accordent tous à lui attribuer des propriétés
antispasmodiques. Pline, Mathioli, Paracelse, et, plus
près de nous, Bayle, Koelderer, Colbateh, Cartheuser,
Van Swieten, vantent son succès dans l'épilepsie ;
d'autres, comme Haen, le prescrivent au même titre
que la valériane et indifféremment ; Boherhaave
déclare qu'il lui a réussi dans « la mobilité des nerfs
et dans les convulsions » ; Bradley assure avoir obtenu
de notables améliorations par son emploi dans l'hys-
térie et les affections nerveuses ; enfin Fraser, Franck,
Dumont, rapportent des cas de guérison de la coque-
luche par son unique usage.

Mais, quoiqu'on le trouve encore mentionné, — et
toujours comme antispasmodique — dans la *Matière*

médicale de Venel (1787), nous le voyons abandonné des praticiens au siècle dernier, à la suite des travaux de Tissot, Cullen, Desbois, Rochefort, qui le dépouillent de ses vertus curatives pour ne lui laisser que des propriétés irritantes gastro-intestinales ou émétiques.

Cette condamnation était-elle justifiée ?

Il nous faut remarquer que les anciens employaient le gui à l'*état frais*, tandis que ces auteurs-là en parlaient à l'*état sec*. C'est du reste sous cette seule forme que le vendaient alors les apothicaires, et nous devons constater que c'est aussi à ce moment qu'a commencé sa défaveur dans le monde médical. Or, si le gui *sec* est dépourvu d'activité thérapeutique et ne conserve que son action éméto-cathartique, il n'en est pas de même du gui *frais*.

De récentes recherches pharmacologiques ont appris que les extraits de gui fabriqués par les différents procédés industriels courants, possèderaient une activité variable en raison des modifications plus ou moins profondes subies par l'alcaloïde et les glucosides au contact prolongé de la chaleur, et par oxydation à l'air.

Chevalier, notamment, a montré que la dessiccation de la plante détermine une diminution considérable de ses propriétés pharmacodynamiques, et qu'il fallait uniquement s'en servir à l'état frais.

Tout récemment, Meillère a vérifié la disparition de l'inosite au fur et à mesure de la dessiccation.

On conçoit donc que le gui se soit vu tout à coup rejeté de la pratique médicale quand celle-ci en eut modifié inconsciemment le mode d'emploi.

Cette éclipse fut cause que, à l'époque où la chimie commença à étudier la composition des plantes médicinales, le gui demeura dans l'oubli. Seuls, Husemann et Hilger le mentionnent.

Plus tard Personne et Reinsch examinèrent la glu pour en tirer la *viscine* et la *viscachoutine*, corps dérivés des hydrocarbures, et dénués de propriétés pharmacodynamiques.

Ensuite Fawleski retira de l'extrait aqueux de gui un acide cristallisable, l'*acide viscique* et des matières résineuses, solubles dans les alcalis, douées de propriétés irritantes pour les tissus et auxquelles le gui doit son action cathartique.

Puis, mon aimable collègue, le Dr Leprince, dans une communication à l'Académie des Sciences (1907), fit savoir qu'il avait pu isoler : 1° un alcaloïde volatil liquide, donnant des sels cristallisés, la *viscalbine* ; 2° un corps de nature glucosidique, la *visciflavine* ; 3° une résine drastique ; 4° une oxydase, qui constituent les véritables principes utiles et thérapeutiques du gui. Ces différents corps n'avaient pu être isolés jusqu'ici en raison de leur facile décomposition et des altérations qu'ils subissent avec la dessiccation de la plante. Et cela confirme ce que nous venons de dire sur l'emploi du gui frais.

Reprenant l'étude de Leprince, Chevalier a établi que le glucoside était constitué par le mélange de deux saponines : une neutre (*sapotoxine*) et une acide, auxquelles il attribue le pouvoir hypotenseur du gui.

Et il résulte de cette constatation que l'alcool est impropre à la préparation de l'extrait de gui, en raison de l'insolubilité des saponines, ainsi que l'éther qui dissout les racines drastiques.

Enfin Tauret a signalé dans le gui la présence d'*inosite racémique* en quantité assez considérable. Tel est actuellement l'état chimique de la question.

Mais avec la chimie la médecine reprenait ses droits, et le gui redevenait l'objet d'études médicales, parmi lesquelles nous devons signaler : d'une part, une belle série d'observations de R. Gaultier dans le service du professeur Dieulafoy sur l'emploi des préparations du gui dans le traitement des hémoptysies tuberculeuses (confirmées ensuite par Vachez).

Puis divers travaux du même, soit originaux, soit en collaboration avec Chevalier [1].

D'autre part, l'importante communication de M. le Professeur Doyon, qui forme, à proprement parler, le seul travail précédant le nôtre sur l'action anticoagulatrice du gui et qu'à ce titre nous reproduisons *in extenso* :

L'extrait de gui [2] injecté brusquement à haute dose dans les veines provoque l'incoagulabilité du sang. L'action est passagère. Elle est plus marquée et plus persistante si l'injection est faite dans une veine mésaraïque que si elle est faite dans une veine de la circulation générale (saphène). *In vitro*, l'extrait de gui est sans action sur la coagulation du sang ; cependant des doses massives peuvent la retarder un peu.

1. R. Gaultier, *Gazette des hôpitaux*, 17 octobre 1907. — R. Gaultier, *Résultats chimiques et expérimentaux de quelques études sur la valeur thérapeutique et physiologique du gui de chêne.* — R. Gaultier, *Antagonisme de l'extrait aqueux de gui et de l'adrénaline.* — R. Gaultier et Chevalier, *Action physiologique du gui ; Comptes rendus de l'Académie des Sciences*, 25 novembre 1907.

2. Extrait mou pharmaceutique, préparé par Givaudan, à Lyon.

Jusqu'alors Gaultier et Chevalier avaient seulement étudié l'action exercée par le gui sur les vaso-moteurs centraux et périphériques, action qui permet — avec les théories actuelles — d'interpréter son influence thérapeutique rapide dans le cas d'hémorragies par hypertension dans l'artério-sclérose.

De son côté, dans sa thèse de doctorat 1908, le Dr Lebreton-Oliveau avait indiqué, à titre de simple remarque, mais d'une remarque qui l'avait frappé, *que l'on a beaucoup moins à redouter les hémorragies consécutives à l'accouchement dans les cas où le gui a été employé*. Et à première vue, cette constatation qui semblait provenir d'une action *coagulatrice*, se trouvait en contradiction avec les effets anticoagulateurs constatés par le professeur Doyon.

On voit que la question n'était pas clairement élucidée et méritait des recherches spéciales et suivies, pour arriver à des conclusions définitives.

Sur les conseils et sous la haute direction de M. le Professeur Dubois, nous les avons entreprises dans le courant de 1909, et nous venons aujourd'hui seulement de les terminer.

Mais, dès le début, nous avons obtenu des résultats si singuliers, si imprévus, si contradictoires, que nous en restâmes déconcerté : tantôt le sang coagulait, tantôt le sang ne coagulait pas, quelle que fut l'identité de notre mode opératoire, des extraits employés, des précautions prises, de l'alimentation des animaux expérimentés.

Toutefois, dans cette irrégularité, un fait apparaissait constant : c'est que *tous les cas* de coagulation se produisaient chez les chiennes et *pas un seul* chez les chiens. Mais, d'autre part, le sang de la chienne ne coagulait pas *toujours*, et celle-ci se comportait *souvent* comme le mâle.

Nous en vînmes donc à soupçonner l'existence d'une influence spéciale au sexe féminin contre l'action du gui, et nous décidâmes d'instituer des expériences dans les diverses phases de la vie sexuelle de la chienne et encore seulement dans certaines conditions.

Ces expériences, faites dans le laboratoire de M. le Professeur Dubois, nous permirent de constater que c'était dans le temps où l'activité génitale se trouvait le plus intense (rut, gestation) que la chienne réagissait le plus contre le gui. Et nous crûmes pouvoir, à ce moment, annoncer ces premiers résultats, quelque imprécis qu'ils fussent encore, dans une communication à l'Académie des Sciences du 25 juillet 1910, présentée par M. le Professeur Dastre. Mais nous annoncions en même temps que nous allions nous consacrer à des recherches continues et méthodiques dans l'espoir de découvrir la cause de ces faits, au premier abord singuliers. Ce sont ces recherches que nous allons exposer dans leurs stades successifs. Mais auparavant nous devons faire une remarque.

Chaque fois que la pharmacopée parle du gui, c'est toujours le *gui de chêne* qu'elle entend. Elle n'en nomme pas d'autres. Cependant, tous les traités, ou dictionnaires de botanique, mentionnent le gui de chêne comme une plante très rare. Cette extrême rareté existait déjà aux temps reculés de la Gaule où les druides en avaient fait une plante mystérieuse et sacrée qu'ils coupaient solennellement, après avoir passé l'année à la chercher. Or la Gaule, à cette époque, n'était qu'une vaste forêt d'arbres séculaires ; et si le gui de chêne s'y trouvait aussi rare alors, que dirons-nous aujourd'hui après deux mille ans de déboisements ? Pour notre part, nous n'en avons jamais vu ; personne n'en a vu non plus parmi les botanistes et les forestiers que nous avons consultés. S'il s'en trouve, je doute qu'il y en ait de quoi approvisionner les herboristes. N'empêche que les humbles vendeurs qui fleurissent à Noël nos foyers, de gui et de houx, m'ont toujours juré leurs grands dieux qu'ils me fournissaient bien du gui de chêne. Je n'en crois rien, et pour cause ; et je suis persuadé que les chênes, en la circonstance, étaient de modestes peupliers noirs, ou de vulgaires pommiers sur lesquels le gui végète à plaisir.

Quoi qu'il en soit de ce point qui est affaire de botanique et non de médecine, voici comment nous avons préparé nos extraits :

Sitôt la plante récoltée, nous séparions les fruits ; nous passions ceux-ci à la presse et nous les épuisions par de l'eau bouillie, à 20°, très rapidement. Ensuite filtrage également rapide et concentration dans le vide, au bain-marie à 50°. Nous obtenions ainsi un extrait contenant tous les principes utiles du gui frais, avec l'entière activité pharmacodynamique qu'ils possèdent dans la plante fraîche.

Au reste, en contrôlant l'un par l'autre plusieurs extraits obtenus par ce mode de préparation, ils se sont toujours comportés identiquement.

CHAPITRE PREMIER

POSOLOGIE

Au lieu de nous tenir, *a priori*, à la dose indiquée dans les travaux originaux et comptes rendus que nous avions consultés, il nous a semblé indispensable d'instituer d'abord une série d'expériences *in vitro* et *in vivo*, afin de déterminer la quantité d'extrait de gui suffisante et nécessaire pour provoquer *certainement* l'anticoagulation du sang, par kilog de poids vif. Et comme il peut arriver à la rigueur que les plantes soient plus ou moins riches en alcaloïdes, suivant le climat, le sol, l'exposition, etc., et que leur activité ne soit pas absolument identique, nous avons préparé, une fois pour toutes, une grande quantité d'extrait de gui afin que nos expériences fussent toutes faites avec le même produit, et offrissent ainsi un caractère d'*unité* qui les rendît scientifiquement comparables.

De plus, nous avons mené de front nos expériences *in vitro* et *in vivo* sur les mêmes animaux, pour en rendre le contrôle plus frappant ; et cela nous a permis de constater dès le début que les résultats *in vivo* s'obtiennent à dose beaucoup plus faible.

Mais, comme nous ignorions, en commençant, l'influence du sexe dans la coagulabilité du sang, et que nous opérions indistinctement sur des chiens ou sur des chiennes, nous avons obtenu des effets variables et contradictoires qui nous ont amené à pousser nos recherches plus loin.

Notre première solution était ainsi composée :

> Extrait mou de gui............ 20 gr.
> Eau distillée q. s. pour........ 80 gr.

Nous l'appellerons désormais : solution I (**25 °/₀**).

EXPÉRIENCES IN VITRO

1°. EXPÉRIENCE DU 1ᵉʳ FÉVRIER 1909

Chien; poids : 7 k. 200.

A 3 h. 55, nous prélevons dans la carotide, quatre échantillons de 15 cmc. de sang chacun.

1ʳᵉ prise.	sang normal
2ᵉ prise.	addition de 2 cmc. solution I (25 %)
3ᵉ prise.	— 4 cmc. — —
4ᵉ prise.	— 6 cmc. — —

A 4 h. 18, les deux premières prises sont coagulées, la 3ᵉ prise commence à s'amorcer, la 4ᵉ prise est très fluide.

A 5 heures, la 3ᵉ prise est coagulée et la 4ᵉ commence à s'amorcer.

A 6 h. 1/2, la 4ᵉ prise est coagulée comme les autres.

La dose employée est donc insuffisante[1] ; nous préparons alors une solution plus concentrée selon la formule suivante :

Extrait de gui............ 10 gr.
Eau distillée q. s. pour.... 20 gr.

Nous l'appellerons solution II (50 %).

1. Mais dans l'expérience parallèle *in vivo*, elle a suffi à rendre le sang incoagulable.

2°. EXPÉRIENCE DU 7 MARS 1909

Chienne ; poids : 5 k. 100.

A 4 h. 15, nous faisons six prélèvements dans la carotide, de 5 cmc. chacun.

1ʳᵉ prise...	sang normal
2ᵉ prise.........	addition de 1 cmc. solution II (50 %)
3ᵉ prise.........	— 1 cmc. 2 — —
4ᵉ prise.........	— 1 cmc. 4 — —
5ᵉ prise.........	— 1 cmc. 6 — —
6ᵉ prise.........	— 1 cmc. 8 — —

Le sang de la première prise coagule dans le temps normal. Il n'en est pas de même des autres.

A 5 h. 40, *c'est-à-dire 1 h. 25 après la prise*, le sang de la 2ᵉ prise commence seulement à coaguler et les autres prises sont très fluides.

A 6 h. 10, même état.

A 6 h. 40, la 2ᵉ prise est presque complètement coagulée, la 3ᵉ commence à peine, et les autres sont toujours fluides.

Le lendemain matin, les prises 2, 3 et 4 sont complètement coagulées ; les prises 5 et 6 sont fluides.

Nous prélevons alors le sérum du sang normal de la 1re prise, et nous le partageons dans les prises 5 et 6.

Le soir, à 6 heures, la 5e prise est coagulée, la 6e fluide.

Le surlendemain matin, la 6e prise est enfin coagulée.

La dose a donc été suffisante pour arriver à la coagulation.

3º. EXPÉRIENCE DU 15 MARS 1910

Chien ; poids : 8 k. 400.

A 4 heures, nous faisons 5 prélèvements, comme ci-dessus.

1re prise, 10 cmc.... sang normal.
2e prise ⎰
3e prise ⎱ 5 cmc.... addition de 1 cmc. 6 solution II (50 %)
4e prise ⎰
5e prise ⎱ 3 cmc....   —   de 1 cmc. 8   —   —

A 5 heures, les 2e, 3e, 4e et 5e prises sont fluides. La 1re est coagulée. A 6 heures, même état.

Le lendemain, les 2e et 3e prises sont coagulées, les 4e et 5e sont fluides. Dans l'une de ces deux dernières, nous ajoutons le sérum de la 1re prise (sang normal), car nous supposons que le gui avait paralysé le fibrin ferment.

A midi, les deux prises 4 et 5 sont encore fluides.

Le soir, même état.

Le surlendemain matin, elles sont enfin coagulées.

L'action anticoagulatrice est donc très marquée.

4°. EXPÉRIENCE DU 4 AVRIL 1910

Chienne ; poids : 7 k. 350.

Nous procédons exactement de la même façon que dans la précédente expérience : 5 prélèvements, faits à 4 h. 30.

1re prise, 10 cmc....... sang normal.

2e prise
3e prise } 5 cmc....... addition de 1 cmc. 6 solution II (50 %)

4e prise
5e prise } 5 cmc....... — de 1 cmc. 8 — —

Le soir, les prises 2e, 3e, 4e, 5e sont fluides.

Le lendemain, elles sont coagulées ; les prises 4 et 5 sont fluides.

Le soir, 6 heures, ces prises sont encore fluides. Dans l'une des deux, nous ajoutons le sérum du sang normal.

Le lendemain matin, la prise qui a reçu le sérum est coagulée ; l'autre est encore fluide.

Il est donc désormais certain que la dose de 1 cmc. 8. d'extrait de gui à 50 %, ajoutée à 5 cmc. de sang de chien, ou de chienne, *in vitro*, est suffisante pour rendre ce sang incoagulable.

Mais, comme toute introduction d'eau dans le sang a pour effet de retarder la coagulation, et que, dans notre solution d'extrait de gui, il entre de l'eau distillée (10 gr. d'extrait pour 20 gr. de solution), nous nous décidons à faire une nouvelle expérience complémentaire.

5°. EXPÉRIENCE DU 26 AVRIL 1910

Chien; poids : 4 k. 650.

Nous faisons 3 prélèvements dans les mêmes conditions.

    1re prise, 10 cmc...... sang normal
    2e prise, 5 cmc...... addition 1 cmc. 8 solution II (50 °/$_0$)
    3e prise, 5 cmc......   —   —   —

Le lendemain, à 10 heures du matin, les prises 2^e
et 3e sont fluides.

A la 2e, nous ajoutons 2 cmc. d'eau distillée.

A la 3e, nous ajoutons 2 cmc. de sérum du sang
normal.

Le soir, à 5 heures, la 2e prise est très fluide, la 3^e
nettement coagulée.

Le lendemain, la 2e prise est coagulée à son tour.

De ces expériences, il semble donc qu'on puisse
tirer une quadruple constatation :

1° Que le gui n'apporte qu'un retard à la coagulation
et que cette coagulation tardive ne donne qu'un caillot mou ;

2° Que c'est sans doute le ferment qui est momentanément paralysé, puisque l'addition du sérum active la coagulation retardée ;

3° Que la dose d'extrait de gui de 1 cmc. 8, pour 5 cmc. de sang, rend le sang incoagulable au moins pendant 36 heures *in vitro* ;

4° Que ce retard est le même pour le chien et la chienne, *in vitro* seulement.

EXPÉRIENCES IN VIVO

Toutes nos expériences ont été faites sur des animaux anesthésiés ; nous avons constaté, en effet, que l'anesthésique employé n'apporte aucun trouble dans les phénomènes que nous recherchions.

Aussi, avant d'inciser nos chiens, nous leur avons fait une injection hypodermique selon la formule suivante :

Chlorhydrate de morphine......... 0 gr. 20 centigr.
Sulfate d'atropine............... 0 gr. 02 centigr.
Eau q. s. pour................... 10 gr.

Après quoi, nous avons complété l'anesthésie au chloroforme, et, au terme de l'expérience, avant le réveil, nous avons provoqué la mort instantanée de l'animal par la section du bulbe.

La carotide mise à nu, nous y introduisons une canule munie d'un tube de caoutchouc de 5 centimètres, terminé par une pince à forcipressure, pour nous permettre d'opérer des prélèvements du sang. Puis, nous ouvrons l'abdomen suivant la ligne blanche, nous étalons l'intestin, et nous faisons rapidement une injection d'extrait de gui dans une mésaraïque. Nous avons choisi cette voie d'introduction du gui parce qu'elle est beaucoup plus efficace à cause de la formation d'antithrombine par le foie.

Comme dans les expériences *in vitro*, nous avons employé d'abord la solution I (25 °/₀), pour passer ensuite à la solution II (50 °/₀), en augmentant progressivement les doses afin d'obtenir une incoagulabilité du sang même après 36 heures.

La solution II (50 °/₀) a cette supériorité. Elle permet d'introduire dans la circulation une quantité de gui égale, sous un volume moitié moindre.

Et l'on en comprend l'avantage quand on songe à la difficulté d'injecter 12 cmc. de liquide dans une veine relativement petite.

1º. EXPÉRIENCE DU 1er FÉVRIER 1909

Chien ; poids : 7 k. 500.

A 4 h. 18, nous injectons 6 cmc. de notre solution I (25 °/₀) dans une mésaraïque, soit 0 gr. 208 d'extrait de gui par kilog de poids vif, et nous opérons 4 prélèvements successifs dans la carotide aux intervalles suivants :

1ʳᵉ prise........... à 4 h. 28, soit 10′ après l'injection
2ᵉ prise........... à 4 h. 40 — 22′ —
3ᵉ prise........... à 5 heures — 42′ —
4ᵉ prise........... à 5 h. 15 — 57′ —

La 1ʳᵉ prise (*10′ après l'injection*) commence à coaguler 15′ après la prise et est coagulée à 5 h. 5, c'est-à-dire 37′ après la prise et 47′ après l'injection.

La 2ᵉ prise (*22′ après l'injection*) est toujours fluide après 15′ et est coagulée à 6 h. 30, c'est-à-dire 110′ après la prise et 132′ après l'injection.

La 3ᵉ prise (*42′ après l'injection*) se coagule à 5 h. 50, soit 50′ après la prise, et 92′ après l'injection.

La 4ᵉ prise *(57′ après l'injection)* est coagulée en 15′.

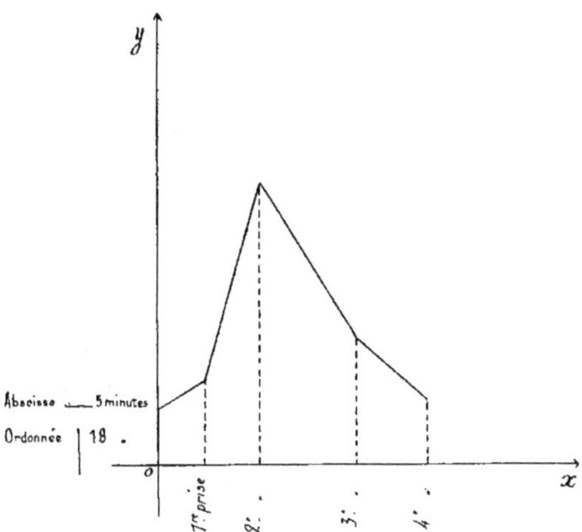

Nous pouvons aisément tracer la courbe de la coagulation en portant en abscisses les temps des prises, et en ordonnées les temps de coagulation.

2°. EXPÉRIENCE DU 15 FÉVRIER 1910

Chien ; poids : 5 kilog.

Même mode opératoire.

Nous injectons, à 4 h. 35, 5 cmc. solution I $(25°/_0)$, ce qui représente 0 gr. 178 d'extrait de gui par kilog de poids vif, après avoir fait un prélèvement de sang normal ; puis nous prélevons 8 prises ainsi échelonnées.

1re prise.........	4 h. 38,	soit	3′	après l'injection
2e prise.........	4 h. 41	—	6′	—
3e prise.........	4 h. 44	—	9′	—
4e prise.........	4 h. 46	—	11′	—
5e prise.........	4 h. 49	—	14′	—
6e prise.........	4 h. 52	—	17′	—
7e prise.........	4 h. 56	—	21′	—
8e prise.........	5 h. 11	—	26′	—

Le sang normal coagule en 15 minutes.

La 1re prise coagule sensiblement dans le temps normal.

De même la 7e et 8e (14′).

La 6e prise est coagulée à 5 h. 20, c'est-à-dire 28′ après la prise et 45′ après l'injection.

La 3e prise est coagulée à 6 heures, c'est-à-dire 76′ après la prise et 85′ après l'injection.

La 3e prise est coagulée à 6 h. 30, c'est-à-dire 101'
après la prise et 115' après l'injection.

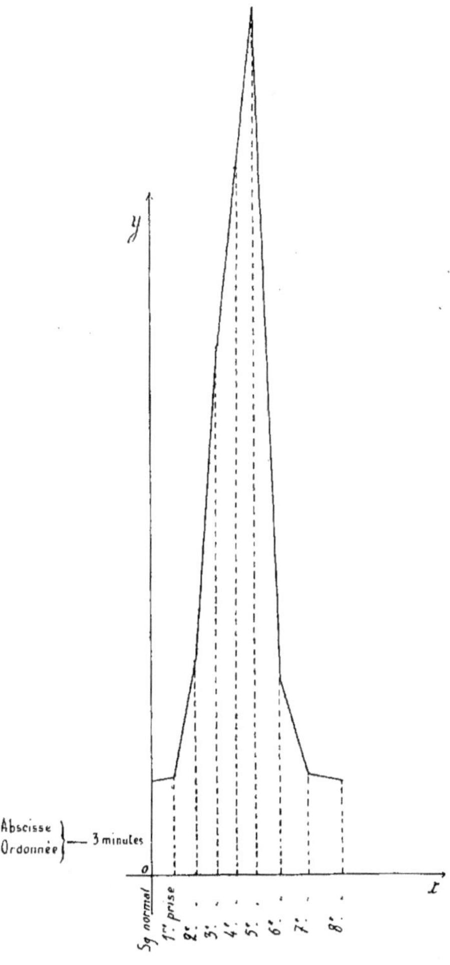

La 4e prise est coagulée à 7 h. 15, soit 149' après la
prise et 160' après l'injection.

3º. EXPÉRIENCE DU 1er FÉVRIER 1909

Chien ; poids : 8 k. 300.

A 3 h. 15, nous injectons 7 cmc. solution I $(25\ ^o/_o)$, soit 0 gr. 210 d'extrait de gui par kilog de poids vif, dans la jugulaire, et nous faisons 4 prélèvements aux intervalles suivants, dans la carotide.

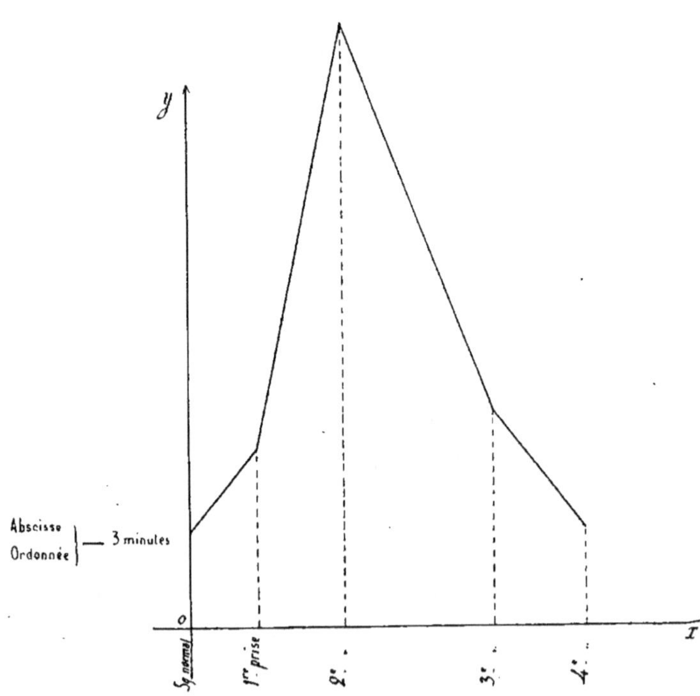

1re prise........   3 h. 25   soit   10′ après l'injection
2e prise........   3 h. 37   —   22′   —
3e prise........   3 h. 57   —   42′   —
4e prise........   4 h. 10   —   55′   —

La 1re prise commence à coaguler 14′ après la prise et l'est complètement 25′ après, c'est-à-dire 35′ après l'injection.

La 2e prise est coagulée 85′ après la prise, c'est-à-dire 107′ après l'injection.

La 3e prise est coagulée 30′ après la prise, c'est-à-dire 72′ après l'injection.

La 4e prise est coagulée dans le temps normal.

4º. EXPÉRIENCE DU 22 FÉVRIER 1910

Chien ; poids : 9 k. 150.

Même mode opératoire.

A 4 h. 5, nous injectons 6 cmc. 5 solution I (25 °/₀), soit 0 gr. 178 d'extrait de gui par kilog de poids vif, et faisons les 13 prélèvements suivants, après une prise de sang normal qui coagule en 12'.

1ʳᵉ prise ...... 4 h. 8,	soit	3' après l'injection
2ᵉ prise ...... 4 h. 10	—	5'	—
3ᵉ prise ...... 4 h. 12	—	7'	—
4ᵉ prise ...... 4 h. 14	—	9'	—
5ᵉ prise ...... 4 h. 15	—	10'	—
6ᵉ prise ...... 4 h. 16	—	11'	—
7ᵉ prise ...... 4 h. 17	—	12'	—
8ᵉ prise ...... 4 h. 19	—	14'	—
9ᵉ prise ...... 4 h. 21	—	16'	—
10ᵉ prise ...... 4 h. 23	—	18'	—
11ᵉ prise ...... 4 h. 25	—	20'	—
12ᵉ prise ...... 4 h. 27	—	22'	—
13ᵉ prise ...... 4 h. 29	—	24'	—

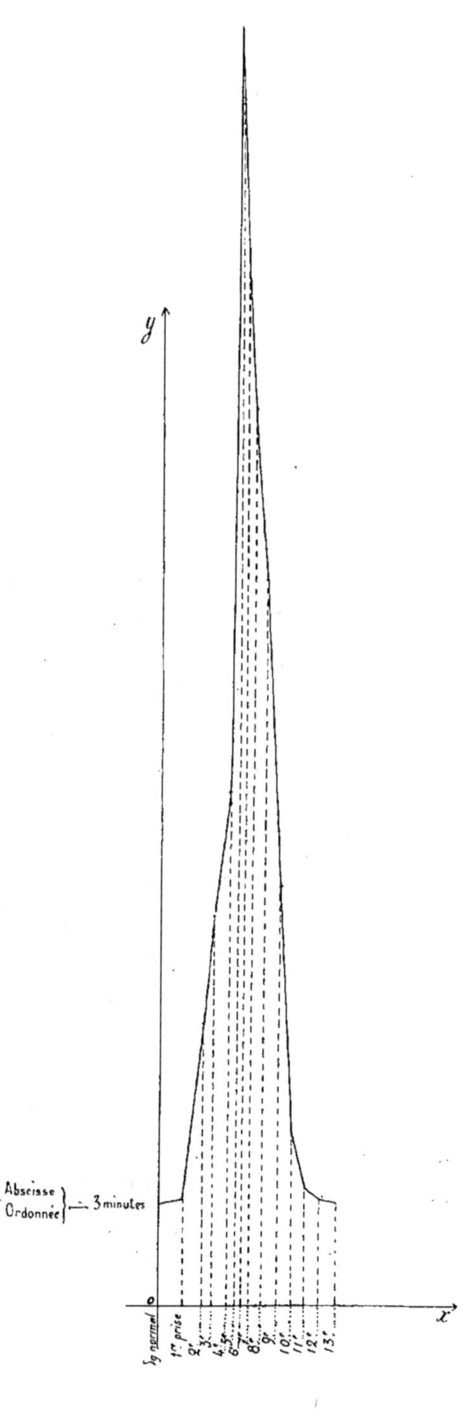

y
x
Sg normal
0
Abscisse
Ordonnée
3 minutes
1re prise
2e
3e
4e
5e
6e
7e
8e
9e
10e
11e
12e
13e

La 1re prise coagule à 4 h. 20 en 12' ; temps normal.

La 2e prise	4 h. 50	soit 40'	après la prise	et	45'	après l'injection
La 3e prise	5 h. 7	55'	—	et	64'	—
La 4e prise	5 h. 31	75'	—	et	86'	—
La 5e prise	7 h. 22	182'	—	et	192'	—
La 6e prise	6 h. 45	149'	—	et	160'	—
La 7e prise	6 h. 24	127'	—	et	139'	—
La 8e prise	6 h. 01	102'	—	et	116'	—
La 9e prise	5 h. 21	60'	—	et	76'	—
La 10e prise	4 h. 58	25'	—	et	43'	—
La 11e prise	4 h. 41	16'	—	et	36'	—
La 12e prise	4 h. 41	temps normal.				
La 13e prise	4 h. 41	temps normal.				

Il est à remarquer que, dans cette expérience, c'est la 5e prise, faite 10' après l'injection, qui a mis le plus de temps à coaguler (182' après la prise). Dans l'expérience 3, c'était celle faite 22' après la prise (en 85'), tandis que la prise faite 10' après l'injection avait coagulé en 25' au lieu de 182'. En revanche, dans l'expérience 2, c'est la prise faite 11' après l'injection qui a mis le plus de temps (149') et les résultats se rapprochent ainsi entre les expériences 2 et 4. Mais on voit que, dans aucune, les temps ne concordent exactement. Il faut sans doute attribuer ce désaccord à des causes idiosyncrasiques, c'est-à-dire des différences de réceptivité chez les animaux injectés, comme il arrive d'ailleurs chez l'homme.

Dans ces quatre expériences, nous avons procédé comme pour celles *in vitro*, en employant d'abord la solution faible I (25 °/₀) ; aussi la coagulation du sang n'a-t-elle été que faiblement retardée, trois heures au maximum, comme on vient de le voir.

Nous avons donc employé ensuite, dans une nouvelle série, la solution concentrée II (50 %), en partant d'une forte dose, de manière à obtenir l'anticoagulation absolue.

5°. EXPÉRIENCE DU 2 MARS 1910

Chien ; poids : 6 k. 600.

A 4 h. 15, nous injectons dans la mésaraïque 1(
cmc. solution II (50 °/₀), soit 0 gr. 757 d'extrait d(
gui par kilog de poids vif, et nous faisons, à 4 h. 20
8 prélèvements dans la carotide, échelonnés de 5 en (
minutes : 4 h. 25, 4 h. 30, 4 h. 35, etc.

A 6 heures, toutes les prises sont fluides.
Le lendemain matin   —
Le lendemain soir   —
Le surlendemain matin   —
Le surlendemain soir   —

Nous jetons ces sangs, car ils commencent à s
putréfier.

6°. EXPÉRIENCE DU 2 MARS 1910

Chien ; poids : 4 k. 850.

Même mode opératoire.

A 4 h. 20, nous injectons une dose moindre, 5 cmc.
seulement, solution II (50 °/₀), soit 0 gr. 515 d'extrait
de gui par kilog de poids vif; et à 4 h. 50, nous commençons 8 prélèvements, échelonnés de 10 en 10
minutes : 4 h. 40, 4 h. 50, etc.

    A 6 heures aucune prise n'est coagulée
    A 6 h. 30   —   —   —
    A 7 heures   —   —   —

Le lendemain matin, tous les sangs ont expulsé
leur sérum.

7°. EXPÉRIENCE DU 7 MARS 1910

Chien; poids : 4 k. 500.

Même mode opératoire.

Nous diminuons encore la dose, et, à 3 h. 50, nous injectons seulement 3 cmc. 5 solution II (50 °/₀), soit 0 gr. 388 d'extrait de gui par kilog de poids vif.

A 4 heures, nous commençons 8 prélèvements de 10 en 10 minutes : 4 h. 10, 4 h. 20, etc.

A 6 heures, toutes les prises sont fluides.

Le lendemain, 11 heures, toutes les prises sont fluides ; il semble toutefois que les 6ᵉ et 7ᵉ commencent à se prendre.

Le soir, celles-ci sont coagulées complètement, et, dans les 4ᵉ et 5ᵉ, le caillot s'amorce.

Le surlendemain matin, la 5ᵉ prise est bien coagulée, et la 4ᵉ l'est incomplètement.

Les 1ʳᵉ et 2ᵉ sont restées fluides.

8°. EXPÉRIENCE DU 7 MARS 1910

Chien ; poids : 8 k. 400.

Même mode opératoire.

Nous revenons à la dose de l'expérience 6 et, à
4 h. 1/2, nous injectons 8 cmc. 5 solution II (50 %),
soit 0 gr. 505 d'extrait de gui par kilog de poids vif ;
et nous faisons 8 prélèvements de 10 en 10 minutes,
à partir de 4 h. 20.

Le soir, toutes les prises sont fluides.

Le lendemain matin, toutes les prises sont fluides.

Le lendemain soir, toutes les prises sont fluides,
mais la 8e prise paraît s'amorcer.

Le surlendemain matin, la 8e prise est coagulée, et
la 7e commence à se prendre. Toutes les autres sont
fluides.

Nous additionnons la 1re prise de sérum de sang
normal ; deux heures après, elle est coagulée.

Les autres prises sont toujours fluides.

15 heures après, elles sont toutes coagulées.

Conclusion. — De ces expériences que devons-nous
conclure ?

1° Que, faites sur les chiens, leur résultat est constant et accuse l'action anticoagulatrice du gui, mais qu'il y a lieu de les poursuivre sur des *chiennes*, leur effet sur celles-ci ayant été différent.

2° Que la dose suffisante et nécessaire, pour empêcher la coagulation du sang, *in vivo*, est infiniment moindre qu'*in vitro* [1].

3° Que cette dose est de 0 gr. 50 d'extrait par kilog de poids vif.

4° Que l'action anticoagulatrice est plus marquée si l'on fait l'injection dans la mésaraïque que dans une veine de la circulation générale.

---

1. En admettant avec Welker que le poids du sang d'un chien par rapport à son poids total est 1/13, le poids du sang d'un chien de 7 kilog serait 538 gr. et il faudrait pour rendre ce sang incoagulable, *in vitro*, une dose de $\frac{538 \times 0,9}{5} = 96$ gr. 80. — Mais *in vivo*, et en injectant dans une mésaraïque, il suffirait de 3 gr. 5 d'extrait. L'action du gui est donc de 28 à 30 fois plus active *in vivo* qu'*in vitro*.

CHAPITRE II

ÉTUDE EXPÉRIMENTALE SUR LES CHIENNES

HYPOTHÈSE DE L'ACTION DES CORPS JAUNES

Étant acquis, comme nous venons de le voir, qu'une dose de 0 gr. 5 d'extrait de gui par kilog d'animal empêche sûrement la coagulation chez le *chien*, il est évident qu'en injectant 1 cmc. de notre solution II (50 %) par kilog de poids vif à une *chienne*, nous devions obtenir le même résultat, à moins que l'influence du sexe n'exerçât une action modificatrice.

C'est ce que nous voulûmes constater par une série d'expériences comparatives.

1°. EXPÉRIENCE DU 7 MARS 1910

Chienne; poids : 5 k. 400.

A 5 h. 15, nous injectons dans une mésaraïque une dose de 5 cmc. solution II (50 °/₀), et nous faisons deux prélèvements de sang carotidien.

1ʳᵉ prise, 5 h. 20, nettement coagulée à 5 h. 30
2ᵉ prise, 5 h. 30, — à 5 h. 32

Nous faisons, à 5 h. 35, une *deuxième* injection de 5 cmc., et nous opérons un prélèvement à 5 h. 40. Il est coagulé à 5 h. 52.

Nous faisons alors une *troisième* injection de 10 cmc. à 5 h. 55 et nous prélevons une prise à 6 h. 5. Le sang est nettement coagulé à 6 h. 15.

Ainsi, après cette triple injection représentant *quatre doses*, c'est-à-dire 1 gr. 85 d'extrait par kilog de poids vif, le sang a non seulement coagulé, mais il a coagulé plus vite que le sang normal, et il s'est même coagulé dans la canule.

D'où venait ce résultat singulier, qu'aucun expérimentateur, à notre connaissance, n'avait jusqu'ici signalé? Pourquoi cette différence singulière entre le *chien* et la *chienne*? entre l'expérience *in vitro* et *in vivo*? La question de nourriture ne pouvait entrer en ligne de compte, tous nos chiens et chiennes étant alimentés de la même façon. Une seule hypothèse se présentait à notre esprit : celle d'une réaction sexuelle. Aussi, faisant l'autopsie, recueillons-nous les ovaires dans une solution sursaturée de sel marin, pour, au besoin, procéder à une étude anatomique et histologique ultérieure.

Dans une expérience parallèle *in vitro*, le sang est devenu incoagulable. Cette différence dans les résultats *in vitro* et *in vivo* est sans doute analogue, quoique absolument d'ordre inverse, aux faits constatés pour la propeptone.

2°. EXPÉRIENCE DU 4 AVRIL 1910

Chienne ; poids : 7 k. 350.

Même mode opératoire.

Nous prélevons d'abord une prise de sang normal dans la carotide, afin d'avoir du sérum le lendemain, puis nous injectons, à 5 h. 7, 7 cmc. 5 solution II (50 %) et nous faisons 4 prises.

1ʳᵉ prise...........	5 h. 12
2ᵉ prise...........	5 h. 17
3ᵉ prise...........	5 h. 22
4ᵉ prise...........	5 h. 29

Nous injectons alors une deuxième dose plus élevée, de 10 cmc. à 5 h. 40, et nous faisons une 5ᵉ prise.

5ᵉ prise...........	5 h. 52

Les prises se coagulent en sens inverse des moments de prise, ainsi :

4ᵉ prise presque instantanément coagulée à	5 h. 29
3ᵉ prise complètement coagulée à........	5 h. 29
2ᵉ prise partiellement coagulée à........	5 h. 29
1ʳᵉ prise commence à coaguler à........	5 h. 29

Enfin, la 5e prise, de 5 h. 52, faite 12′ après la seconde injection à dose massive, est complètement coagulée en 5′ à 5 h. 57. Dans cette dernière, nous sommes même obligé de sortir la canule de la carotide, car le sang coagulé l'obstruait entièrement [1].

Nous recueillons les ovaires, comme dans l'expérience précédente.

C'est donc la deuxième fois que le fait se produit et d'une façon aussi caractéristique. Malgré des doses massives d'extrait de gui, le sang *in vivo* a coagulé, et même avec une extrême rapidité, et cela sur des chiennes.

Donc, l'hypothèse d'un rôle sexuel semble se confirmer et nous nous décidons dès lors à continuer nos expériences sur des chiennes exclusivement, en faisant ensuite toutes les autopsies, dans l'espoir d'élucider le problème dont la solution constitue l'originalité de ce travail.

---

[1]. Remarquons que dans l'expérience parallèle *in vitro*, le sang n'a pas coagulé, et que l'addition du sérum de sang normal l'a rendu coagulable.

3°. EXPÉRIENCE DU 12 AVRIL 1912

Chienne; poids : 12 k. 480.

Même mode opératoire.

A 4 h. 40, nous injectons 12 cmc. 5 solution II (50 °/₀) et nous faisons 6 prises.

1ʳᵉ prise............	4 h. 52
2ᵉ prise............	4 h. 54
3ᵉ prise............	4 h. 57
4ᵉ prise.........	5 h.
5ᵉ prise............	5 h. 6
6ᵉ prise............	5 h. 13

A 5 h. 15, tous les sangs sont fluides.

A 5 h. 17, nous faisons une nouvelle injection de 10 cmc. et prélevons deux nouvelles prises.

7ᵉ prise............	5 h. 29
8ᵉ prise...........	5 h. 34

A 6 h. 30, tous les sangs sont fluides.

Cette *chienne* s'était comportée comme le chien, et l'action anticoagulatrice du gui était aussi nette. Pourtant, il ne pouvait pas y avoir eu erreur ou maladresse dans le cours de l'expérience ; le mode opératoire avait été identique, avec les mêmes garanties, les mêmes scrupuleuses précautions. Le rôle sexuel, deux fois constaté, apparaissait maintenant nul. Que conclure, sinon que ce rôle était sous la dépendance de certaines circonstances, qu'il fallait patiemment rechercher ?

Nous faisons l'autopsie. La chienne présente des traces d'accouchement récent, ses glandes mammaires sont en période de lactation, et nous relevons des cicatrices d'attaches placentaires.

4°. EXPÉRIENCE DU 19 AVRIL 1910

Chienne ; poids : 9 k. 850.

Même mode opératoire.

A 4 h. 10 nous injectons 10 cmc. II (50 °/₀) et nous prélevons 4 prises :

1ʳᵉ prise........	4 h. 20
2ᵉ prise........	4 h. 25
3ᵉ prise........	4 h. 35
4ᵉ prise........	4 h. 50

A 6 h. 30, tous les sangs sont fluides.

Ainsi l'action du gui est de nouveau nette sur cette chienne. Et nous avons *deux* expériences positives contre *deux* négatives.

A l'autopsie, nous remarquons des traces d'accouchement déjà anciennes. Les glandes mammaires sont pleines de lait.

Continuer nos expériences de la même façon, nombrer les cas *pour* et les cas *contre*, ce serait piétiner sur place.

Nous avons supposé que si la chienne, par une influence sexuelle, réagissait parfois autrement que le chien, avec l'extrait de gui, cette réaction devait provenir de l'ovaire ; nous décidâmes d'en faire l'épreuve.

Nous avons donc pris de l'exo-ovarine Byla (correspondant à son poids d'ovaire) que nous avons injectée à un *chien* afin de voir si ce suc rend le sang réfractaire à l'action anticoagulatrice du gui.

Nous avons fait le même essai *in vitro* en le mêlant à du sang additionné au préalable d'extrait de gui.

Parallèlement nous avons cherché si l'addition de sérum de sang normal à du sang de *chien*, rendu incoagulable *in vivo* par l'extrait de gui, le fait coaguler plus rapidement [1].

1. Ceci dans le but de chercher le mécanisme de l'action anticoagulante du gui.

5º. EXPÉRIENCES DU 26 AVRIL 1910

Chien ; poids : 4 k. 650.

I. IN VITRO

Nous faisons 6 prises de sang normal.

1re prise)
2e prise } 5 cmc. + 1 cmc. 8 solution II (50 %).
3e prise \
4e prise   —   +   —   —   + 5 cmc. ovarine Byla
5e prise   —   -|-   —   —   +15 cmc.   —
6e prise réservée pour le prélèvement de sérum.

Le soir, à 6 h. 30, toutes les prises sont fluides.

Le lendemain matin, les 3 premières sont fluides.

La 4e a donné un caillot mou ; la 5e est à peine amorcée à 10 heures. Nous ajoutons :

à la 1re prise 4 cmc. d'eau distillée.
à la 2e prise 4 cmc. de sérum du sang normal

A 5 heures, la 1re prise est toujours très fluide.

La 2e est presque entièrement coagulée.

Il en résulte que la légère dilution ne joue aucun

rôle dans la coagulation, et que c'est bien le sérum seul qui la provoque, ainsi que nous l'avions vu dans une expérience ancienne que celle-ci confirme définitivement.

Quant à l'influence du suc ovarique, elle apparaît par la formation d'un caillot mou à la 4e prise ; et si elle n'a pas été plus manifeste (comme on eût dû s'y attendre) dans la 5e prise, c'est peut-être que l'addition d'un triple volume (15 cmc. d'extrait d'ovarine pour 5 cmc. de sang) l'avait trop fortement diluée, ou que la glycérine contenue en grande quantité dans l'exo-ovarine avait agi d'une façon *sui generis*. — On ignore d'ailleurs les effets de la glycérine sur la coagulation, et ils n'ont pas encore été étudiés.

II. IN VIVO

A 4 h. 29, nous injectons dans une mésaraïque 10 cmc. d'exo-ovarine, avec beaucoup de lenteur.

A 4 h. 39, nous injectons 5 cmc. solution II (50 %).

Mais au bout de dix minutes, l'animal cesse de respirer et la circulation est très ralentie. Nous pouvons néanmoins faire 3 prises à la carotide.

> 1re prise........ 4 h. 41
> 2e prise........ 4 h. 43
> 3e prise........ 4 h. 48

Toutes trois se coagulent à peu près dans le temps normal.

Ainsi ce serait bien une réaction sexuelle provenant

de l'ovaire qui ferait coaguler le sang de la chienne malgré l'action anticoagulante du gui, puisque le suc ovarique introduit dans la circulation du chien produit le même effet.

Cependant, il y aurait quelque témérité à tirer de cette expérience une conclusion formelle, parce que :

1° La circulation était très ralentie quand a eu lieu l'injection d'extrait de gui ;

2° l'extrait d'ovaire est très glycériné, et nous avons fait des réserves, *in vitro*, en raison de l'action ignorée de la glycérine ;

3° il eût fallu savoir l'état des ovaires ayant servi à préparer l'exo-ovarine.

Nous continuons donc nos expériences en revenant aux chiennes, et en essayant de les prendre dans les divers stades de la vie génitale, afin de rapporter les résultats obtenus à l'état des ovaires que nous préciserons chaque fois.

6°. EXPÉRIENCE DU 3 MAI 1910

Chienne ; poids : 13 k. 800, en pleine lactation.

Même mode opératoire.

A 3 h. 44, nous injectons 14 cmc. solution II
(50 °/₀) et nous opérons 4 prélèvements.

$$
\begin{array}{lll}
1^{re} \text{ prise} & \ldots\ldots & 3 \text{ h. } 50 \\
2^{e} \text{ prise} & \ldots\ldots & 3 \text{ h. } 55 \\
3^{e} \text{ prise} & \ldots\ldots & 4 \text{ heures} \\
4^{e} \text{ prise} & \ldots\ldots & 4 \text{ h. } 5
\end{array}
$$

A 6 h. 30, tous les sangs sont fluides. Le lendemain
également. La *chienne* s'est donc comportée comme
le *chien*.

A l'autopsie, *pas de corps jaunes dans les ovaires.*

7°. EXPÉRIENCE DU 3 MAI 1910

Chienne ; poids : 10 k. 450.

Même mode opératoire.

A 5 h. 1, nous injectons 11 cmc. solution II (50 °/₀) et nous faisons 4 prélèvements.

$$1^{re} \text{ prise} \dots \dots 5 \text{ h. } 6$$
$$2^{e} \text{ prise} \dots \dots 5 \text{ h. } 11$$
$$3^{e} \text{ prise} \dots \dots 5 \text{ h. } 16$$
$$4^{e} \text{ prise} \dots \dots 5 \text{ h. } 21$$

A 7 heures, tous les sangs sont fluides.
Le lendemain également.
La chienne s'est encore comportée comme le chien.
A l'autopsie, *ovaires peu développés, sans traces de follicules.*
La bête n'a jamais porté.

8°. EXPÉRIENCE DU 9 MAI 1910

Chienne ; poids : 6 k. 450.

Même mode opératoire.

A 4 h. 16, nous injectons 6 cmc. 5 solution II (50 °/₀)
et nous opérons 4 prélèvements, de 5 en 5 minutes,
comme dans l'expérience précédente.

A 6 h. 30, tous les sangs sont fluides.

Le lendemain également.

Pour la troisième fois consécutive, la *chienne* s'est
comportée comme le *chien*.

A l'autopsie, *ovaires très lisses et petits.*

9°. EXPÉRIENCE DU 24 MAI 1910

Chienne; poids : 6 k. 900.

Même mode opératoire.

A 3 h. 40, nous injectons 7 cmc. solution II (50 °/₀) et nous faisons 4 prélèvements.

1ʳᵉ prise...............	3 h. 50
2ᵉ prise...............	3 h. 55
3ᵉ prise...............	4 heures
4ᵉ prise...............	4 h. 30

Les sangs coagulent nettement, et en sens inverse de l'ordre des prises, les deux dernières très rapidement.

4ᵉ prise............	en 10′	(4 h. 40)
3ᵉ prise............	en —	(4 h. 10)
2ᵉ prise............	en 75′	(5 h. 10)
1ʳᵉ prise............	en 84′	(5 h. 14)

La *chienne* a réagi.
A l'autopsie, *ovaires volumineux avec corps jaunes.*

10°. EXPÉRIENCE DU 24 MAI 1910

Chienne ; poids : 4 k. 800, jeune, n'a jamais porté.

Même mode opératoire.

A 5 h. 6, nous injectons 5 cmc. solution II (50 %) et nous prélevons 6 prises de 5 en 5 minutes.

A 6 h. 30, tous les sangs sont fluides.

Le lendemain — —

Le surlendemain — —

Le 3ᵉ jour — — (nous les jetons, ils se putréfient).

La *chienne* s'est comportée comme le chien.

A l'autopsie, *ovaires rudimentaires très lisses.*

11°. EXPÉRIENCE DU 31 MAI 1910

*Chienne : poids : 15 k. 200, jeune (7 mois 1/2),
n'a jamais porté.*

Même mode opératoire.

A 5 h. 15, nous injectons 15 cmc. solution II (50 °/₀) et nous faisons, comme précédemment, 6 prélèvements de 5 en 5 minutes.

A 6 h. 30, tous les sangs sont fluides.
Le lendemain   —
Le surlendemain   —
Le 3ᵉ jour   ....   (nous les jetons, ils se putréfient).

A l'autopsie, *ovaires lisses et rudimentaires.*

Résultats identiques à ceux de la précédente expérience.

12°. EXPÉRIENCE DU 5 JUIN 1910

Chienne ; poids : 17 k. 500, mère de la précédente.

Même mode opératoire.

A 4 h. 20, nous injectons 17 cmc. 5 solution II
(50 °/₀), et nous prélevons 4 prises.

$$
\begin{array}{ll}
1^{re}\ \text{prise} \dots\dots\dots\dots & 4\ \text{h.}\ 34 \\
2^e\ \text{prise} \dots\dots\dots\dots & 4\ \text{h.}\ 40 \\
3^e\ \text{prise} \dots\dots\dots\dots & 4\ \text{h.}\ 50 \\
4^e\ \text{prise} \dots\dots\dots\dots & 5\ \text{heures}
\end{array}
$$

A 5 h. 15, la 3e prise coagule.

A 6 h. 30, toutes sont coagulées, les 3 premières ont
expulsé leur sérum.

Le lendemain, la 4e a expulsé le sien.

Nous notons que les 1re et 4e prises ont donné beaucoup de sérum, les 3e et 4e peu.

La chienne a réagi.

A l'autopsie, *ovaires volumineux, follicules de Graff
en déhiscence* ; donc commencement de formation des
corps jaunes.

13º. EXPÉRIENCE DU 14 JUIN 1910

*Chienne ; poids : 12 k. 500, très vieille, cataracte
des deux yeux.*

Même mode opératoire.

A 4 heures, nous injectons 12 cmc. 5 solution II
(50 °/₀) et nous faisons 4 prélèvements de 10 en 10
minutes.

A 6 h. 30, tous les sangs sont fluides.

Le lendemain   —

Le surlendemain   —

La chienne s'est comportée comme le chien.

A l'autopsie, *les deux ovaires kystiques et atrophiés.*

14°. EXPÉRIENCE DU 22 JUIN 1910

Chienne ; poids : 10 k. 750, pas d'état particulier.

Même mode opératoire.

A 4 h. 8, nous injectons 10 cmc. 7 solution II (50 °/₀) et nous faisons 5 prélèvements de 5 en 5 minutes.

1ʳᵉ prise..............	4 h. 18
2ᵉ prise..............	4 h. 23
3ᵉ prise..............	4 h. 28
4ᵉ prise..............	4 h. 33
5ᵉ prise..............	4 h. 38

A 4 h. 43, nous injectons une nouvelle dose de 10 cmc. (même solution) et nous faisons 5 autres prélèvements également échelonnés.

6ᵉ prise..............	4 h. 48
7ᵉ prise..............	4 h. 53
8ᵉ prise..............	4 h. 58
9ᵉ prise..............	5 h. 3
10ᵉ prise..............	5 h. 8

A 5 h. 20, les prises 3 et 4 commencent à se coaguler, et les autres à s'amorcer.

A 6 h. 30, les prises 3 et 4 sont nettement coagulées ; la 7ᵉ l'est presque ; les autres commencent.

Le lendemain, elles le sont toutes.

La chienne a réagi.

A l'autopsie, *un ovaire sain, avec corps jaunes sans follicules mûrs, un ovaire kystique (kyste très volumineux).*

Ces expériences sont maintenant assez nombreuses pour que nous puissions les classer en deux catégories, selon que le sang a coagulé ou non.

Coagulation.

Dans la première, *cinq* chiennes (Expériences 1-2-9-12-14). Excluons la 1ʳᵉ et la 2ᵉ où l'état génital du sujet n'a pas été examiné. Dans la 9ᵉ et la 14ᵉ les corps jaunes étaient nets. Dans la 12ᵉ, les follicules de Graff étaient en déhiscence, et les corps jaunes en formation.

Non coagulation.

Dans la seconde, *huit* chiennes (Expériences 3-4-6-7-8-10-11-13), ainsi caractérisées :

3.........	traces d'accouchement récent
4.........	lactation
6.........	—
7.........	jeune, en rut
8.........	en rut
10........	jeune
11........	très jeune
13........	très vieille

Dans cette catégorie, les chiennes avaient des corps jaunes régressés (accouchement, lactation), ou pas encore développés (rut) ; ou bien des ovaires rudimentaires (bêtes très jeunes), ou atrophiés (bêtes très vieilles).

Une hypothèse semblait donc se dégager de ces constatations : c'est que la cause de la coagulation du sang chez certaines chiennes réagissant contre l'extrait de gui, était due à la présence des corps jaunes dans leurs ovaires, et au déversement dans le sang par sécrétion interne des produits de ces corps jaunes neutralisant l'effet anticoagulant du gui.

(Un anti-anticoagulant, comme on en a déjà noté).

De là, une nouvelle série d'expériences à instituer pour vérifier l'influence des corps jaunes dans le phénomène de la coagulation.

Nous avons employé pour cela un extrait de corps jaunes peu glycériné, connu sous le nom d'ocréine Grémy. L'ex-ovarine Byla fut remplacée à cause de sa trop grande teneur en glycérine.

———————

CHAPITRE III

EFFETS DE L'INJECTION INTRAVEINEUSE
DES EXTRAITS DE CORPS JAUNES
SUR L'INCOAGULABILITÉ PAR LE GUI

1°. EXPÉRIENCE DU 13 DÉCEMBRE 1911

Chienne ; poids : 8 k. 500. Adulte, n'a jamais porté.

A 3 heures, nous injectons 6 cmc. d'ocréine dans la jugulaire droite.

A 3 h. 15, nous faisons un premier prélèvement de sang carotidien, qui coagule à 3 h. 35, soit 20′ après, ce qui annonce un léger retard dans la coagulation.

A 3 h. 25, nous injectons 10 cmc. solution II (50 °/₀) dans une mésaraïque et nous faisons trois prélèvements.

1ʳᵉ prise à 3 h. 40, nettement coagulée à 3 h. 50.
2ᵉ prise à 4 heures, coagulée dans le temps normal.
3ᵉ prise à 4 h. 10,   —   —   —

A 4 h. 20, nous injectons à nouveau 3 cmc. d'ocréine dans la fémorale gauche et opérons deux autres prises :

4ᵉ prise à 4 h. 35, coagulée très vite à 4 h. 41.
5ᵉ prise à 5 heures, coagulée un peu moins rapidement, 5 h. 12.

Le sang de toutes ces prises a donc nettement coagulé et, une fois au moins, plus vite que le sang normal.

A l'autopsie, *ovaires lisses, peu développés, et aucune trace de corps jaunes.*

Il semble donc que l'action des corps jaunes, introduits ici sous forme d'extrait, est certaine ; mais on pourrait objecter que l'injection d'ocréine ayant précédé celle du gui, rien ne prouve que le sang n'a pas coagulé spontanément, comme dans d'autres chiennes. Sans doute, mais ces autres chiennes avaient toutes des corps jaunes dans leurs ovaires ; et celle-ci n'en ayant pas aurait dû se comporter comme ses congénères l'ont fait dans nos expériences antérieures, où toutes ont subi l'action anticoagulante du gui, semblablement aux chiens.

2°. EXPÉRIENCE DU 19 DÉCEMBRE 1911

Chienne; poids : 20 kilog. Adulte ayant déjà porté.

Pour mieux accuser l'influence des corps jaunes, cette chienne a reçu dans ses aliments, pendant 4 jours consécutifs, 3 cmc. d'ocréine, et 6 cmc. pendant les 3 jours suivants.

A 3 h. 20, nous lui injectons dans la jugulaire droite 2 cmc. d'ocréine, et à 3 h. 30, nous faisons une prise qui coagule un peu plus lentement que le sang normal (en 20′).

A 3 h. 40, nous injectons dans une mésaraïque 20 cmc. solution II (50 °/$_0$) et nous prélevons 3 prises.

1re prise, 3 h. 55, coagule plus vite que le sang normal (15′).
2e prise, 4 h. 10 — — —
3e prise, 4 h. 25 — — —

A 4 h. 38, nouvelle injection de 3 cmc. d'ocréine dans la fémorale droite suivie de 3 nouveaux prélèvements.

4e prise..... 4 h. 48, coagule très rapidement.
5e prise..... 4 h. 58 — —
6e prise..... 5 h. 10 — —

Le lendemain, les caillots nettement rétractés avaient expulsé leur sérum.

A l'autopsie, nous constatons *que les ovaires contiennent des corps jaunes très développés*, et nous les conservons dans l'eau salée.

Dans ce cas l'ocréine n'était pas nécessaire ; car nous devons remarquer que les ovaires contenaient des corps jaunes, et qu'en pareil cas, il y a toujours eu coagulation dans nos précédentes expériences. Mais, administrés ou spontanés, l'influence coagulatrice des corps jaunes s'accuse une fois de plus.

3°. EXPÉRIENCE DU 26 DÉCEMBRE 1911

Chienne ; poids : 15 k. 800. Adulte ayant déjà porté.

Cette chienne reçoit pendant 6 jours consécutifs
6 cmc. d'ocréine dans ses aliments.

A 3 h. 50, nous lui injectons dans la jugulaire droite
3 cmc. d'ocréine.

A 4 heures, prélèvement du sang qui coagule, comme
dans la précédente expérience, un peu moins vite que
le sang normal (même temps, 20').

A 4 h. 10, nous injectons dans une mésaraïque
15 cmc. solution II (50 $^o/_o$), et nous faisons 4 prélèvements :

1ʳᵉ prise... 4 h. 25, coagulation très rapide	(5')
2ᵉ prise... 4 h. 40,	—	—	—
3ᵉ prise... 4 h. 50,	—	—	—
4ᵉ prise... 5 heures,	—	—	—

Le lendemain, tous les caillots avaient expulsé leur
sérum.

A l'autopsie, nous constatons *que les ovaires contiennent des corps jaunes très développés.*

Expérience identique à la précédente ; elle nous

permet de tirer une conclusion inattendue, c'est que l'effet de l'ocréine tout *anti-anticoagulante* qu'elle est, commence par retarder légèrement la coagulation [1], et que le gui *anticoagulateur* la précipite, dès qu'il a été injecté après l'ocréine. Nous venons de constater trois fois de suite ce retard (20′) et cette accélération (5′).

[1]. L'effet constaté permettrait peut-être d'expliquer la coagulation après injection de gui par un mécanisme analogue à celui de l'immunité prophylaxique.

4°. EXPÉRIENCE DU 10 JANVIER 1912

Chienne ; poids : 8 k. 250.

Même mode opératoire dans les mêmes organes.

A 3 h. 15, nous injectons 5 cmc. d'ocréine.

A 3 h. 30, prise du sang qui coagule à 3 h. 50 (encore 20′).

A 3 h. 35, nous injectons 9 cmc. solution II (50 %) et opérons 3 prélèvements :

1re prise, 3 h. 50, nettement coagulée à 4 heures.
2e prise, 4 h. 8, coagule, mais mal, avec caillot mou, 4 h. 20.
3e prise, 4 h. 25, nettement coagulée à 4 h. 35.

A 4 h. 30, nous injectons dans la fémorale droite une nouvelle dose de 3 cmc. d'ocréine et faisons deux prises.

4e prise, 4 h. 45, coagulation très rapide.
5e prise, 5 h. 10, — (un peu moins que la précédente).

En somme, tous les sangs sont coagulés, mais un peu moins vite dans leur ensemble que ceux des dernières expériences, où les chiennes avaient au préalable reçu de l'ocréine par la voie stomacale. Les caillots semblent aussi plus mous, le lendemain ils n'ont pas expulsé leur sérum.

A l'autopsie, *ovaires lisses peu développés, sans traces de corps jaunes* : la bête n'a vraisemblablement pas porté.

Cette chienne, sans corps jaunes dans les ovaires, aurait donc dû se comporter comme ses congénères du chapitre précédent, c'est-à-dire subir l'action anticoagulante du gui, semblablement au chien. Le rôle de l'ocréine ne semble donc pas douteux et l'objection d'une coagulation spontanée tombe, comme dans l'expérience 1.

EXPÉRIENCE DU 23 JANVIER 1912

Chienne ; poids : 12 k.030.

Nous nous proposons d'expérimenter parallèlement *in vitro* et *in vivo*.

Cette chienne a reçu dans ses aliments pendant 6 jours consécutifs 5 cmc. d'ocréine.

A. — A 3 h. 20. nous faisons deux prises de sang normal que nous traitons de la façon suivante :

1re prise, 10 cmc. sang normal + 3 cmc. sol. 11 + 1/4 cmc. d'o-
créine.

2e prise,　　　—　　+　　—　　+　néant.

A 4 heures, la 1re prise est nettement coagulée et la 2e fluide.

A 6 h. 1/2, la 2e prise présente quelques signes de coagulation, mais cette chienne ayant ingéré de l'ocréine pendant 6 jours, cette tendance à la coagulation peut s'expliquer.

B. — A 3 h. 44, nous injectons dans une mésaraïque 13 cmc. solution II (50 %), et opérons deux nouveaux prélèvements :

3ᵉ prise..... 4 heures, 10 cmc. de sang.
4ᵉ prise..... 4 heures, 10 cmc. sang + 1/4 cmc. ocréine.

A 4 h. 10, les deux prises sont coagulées.
A 4 h. 18, nous injectons 5 cmc. d'ocréine dans la jugulaire droite et faisons trois derniers prélèvements :

5ᵉ prise..... 4 h. 20, nettement coagulée 4 h. 30
6ᵉ prise..... 4 h. 30   —   4 h. 40
7ᵉ prise.... . 5 heures   —   5 h. 15

Autopsie : *ovaires congestionnés, nombreux follicules de Graff dont deux éclatés, nombreux corps jaunes.*

Cette chienne, par la présence des corps jaunes, devait être *in vivo* réfractaire au gui, et l'expérience confirme les précédentes.

6°. IN VITRO ET IN VIVO

EXPÉRIENCE DU 31 JANVIER 1912

Chienne ; poids : 4 k. 750. Bête très vieille.

Cette chienne n'a pas reçu d'ocréine dans ses aliments.

A. — A 3 heures, nous faisons deux prises de sang normal que nous traitons de la façon suivante :

1re prise, 5 cmc. sang normal + 1 cmc. solution II.
2e prise, 5 cmc. sang normal + 1 cmc. solution II + 1 cm.
ocréine.

B. — A 4 h. 20, les sangs sont fluides, et ils le sont encore à 6 h. 30.

A 3 h. 5, nous injectons 5 cmc. solution II et faisons une prise, à 3 h. 20, qui est encore fluide à 6 h. 30.

A 3 h. 30, nous injectons 5 cmc. d'ocréine dans la jugulaire droite, et opérons trois prélèvements.

1re prise......	3 h. 40	
2e prise......	3 h. 50	toutes fluides à 4 h. 15
3e prise......	4 heures	

A 4 h. 10, nouvelle injection de 10 cmc. ocréine dans la jugulaire gauche, et prélèvement des trois autres prises ;

$$
\left.
\begin{array}{lll}
4^e \text{ prise}..... & 4 \text{ h. } 20 \\
5^e \text{ prise}.... & 4 \text{ h. } 30 \\
6^e \text{ prise}..... & 4 \text{ h. } 40
\end{array}
\right\}
\begin{array}{l}
\text{toutes fluides à 4 h. 50} \\
\text{N.-B. les trois premières} \\
\text{le sont toujours.}
\end{array}
$$

A 5 heures, troisième injection d'ocréine de 10 cmc. dans la fémorale droite, et trois nouvelles prises :

$$
\begin{array}{ll}
7^e \text{ prise}................. & 5 \text{ h. } 10 \\
8^e \text{ prise}................. & 5 \text{ h. } 20 \\
9^e \text{ prise}................. & 5 \text{ h. } 30
\end{array}
$$

A 6 h. 30, les prises 7, 8 et 9 présentent quelques signes de coagulation, ainsi que les 5 et 6. Les autres sont toujours fluides.

Le lendemain, les prises 1, 2, 3 sont fluides, 4, 5, 6 un peu coagulées, 7, 8, 9 ont donné un caillot mou.

A l'autopsie, *ovaires atrophiés, l'un complètement envahi par un kyste.*

Cette expérience, au premier abord contradictoire avec les précédentes, est très intéressante ; en effet, cette chienne, dont les ovaires n'ont pas de corps jaunes, se trouvait exactement dans le même cas que celles de nos expériences 1 (13 décembre) et 4 (10 janvier), lesquelles avaient nettement et même très rapidement coagulé, sous l'action de l'ocréine injectée. Or, ici, malgré trois injections successives d'ocréine, nous n'avons en somme pas obtenu la coagulation.

Quelle pouvait être la cause de cette différence ?
Nous n'entrevoyons qu'une explication possible : *c'est
que l'injection de gui a précédé l'injection d'ocréine.*
A vrai dire, il en avait été de même dans notre précédente expérience, où le sang avait nettement coagulé, sans que nous prenions garde à cette interversion. Mais la chienne de cette expérience *avait de
nombreux corps jaunes dans les ovaires*, et se trouvait
donc, déjà, réfractaire à l'action anticoagulante du
gui. Notre attention se trouve donc attirée sur cette
hypothèse du rôle de l'ordre des injections et nous
allons essayer de la vérifier par de nouvelles expériences, où l'injection de gui *précédera* l'injection
d'ocréine, et sera faite sur des bêtes qui ne nous
paraîtront pas en période de corps jaunes.

IMPORTANCE DE L'ORDRE DES INJECTIONS

7°. EXPÉRIENCE DU 14 FÉVRIER 1912

*Chienne ; poids : 14 k. 900. Jeune bête n'ayant
pas porté.*

A 3 h. 35, nous faisons dans une mésaraïque une injection de 15 cmc. II (50 %), et nous prélevons, à 3 h. 51, 5 cmc. de sang qui, à 6 h. 30, ne présente aucun signe de coagulation.

A 4 h. 48, nous injectons 10 cmc. d'ocréine dans la jugulaire, et nous prélevons 4 prises de 10 en 10 minutes.

<pre>
1re prise.....   4 h. 15)
2e prise.....   4 h. 25 | à 5 h. 30, aucune
3e prise.....   4 h. 35 (trace de coagulation
4e prise.....   4 h. 45)
</pre>

A 4 h. 58, deuxième injection de 15 cmc. ocréine dans la jugulaire gauche, et 3 prises de 5 en 5 minutes.

<pre>
5e prise....   5 h. 15) à 5 h. 30 quelques traces de
6e prise....   5 h. 20 (coagulation
7e prise....   5 h. 25   toujours fluide
</pre>

A 5 h. 32, troisième injection de 8 cmc. d'ocréine dans la fémorale droite, et prélèvement de trois dernières prises :

8ᵉ prise................ 5 h. 42
9 prise................ 5 h. 47
10ᵉ prise.............. 5 h. 50

A 6 h. 30, les prises 5, 6, 8, 9 présentent des signes assez nets de coagulation.

Le lendemain, le prélèvement initial, antérieur à toute injection d'ocréine, est toujours fluide.

De même, les prises 1, 2, 3, 4.

Les prises 5 et 6 sont coagulées et la 7ᵉ offre des traces de caillot.

Les prises 8 et 9 sont coagulées et la 10ᵉ donne un petit caillot.

A l'autopsie, *ovaires lisses, sans corps jaunes.* Cette expérience répète la précédente, la chienne se trouvant dans les mêmes conditions, et elle fortifie notre hypothèse.

8°. EXPÉRIENCE DU 21 FÉVRIER 1912

Chienne; poids : 12 k. 800. Bête très vieille qui
a porté plusieurs fois.

A 3 h. 50, nous injectons 13 cmc. solution II (50 °/₀) dans une mésaraïque, et à 4 h. 10 faisons un prélèvement qui est très fluide à 6 h. 30, et reste fluide le lendemain et le surlendemain.

A 4 h. 20, nous injectons 7 cmc. d'ocréine dans la jugulaire droite et à 4 h. 40 nous opérons une première prise qui demeure fluide à 6 h. 30.

A 4 h. 48, deuxième injection massive de 15 cmc. d'ocréine dans la fémorale droite, et prélèvement de 3 autres prises de 5 en 5 minutes.

2ᵉ prise..............	5 heures
3ᵉ prise..............	5 h. 5
4ᵉ prise..............	5 h. 10

A 5 h. 15, troisième injection de 10 cmc. ocréine dans la fémorale gauche, et 3 autres prélèvements de 5 en 5 minutes.

5ᵉ prise..............	5 h. 25
6ᵉ prise..............	5 h. 30
7ᵉ prise..............	5 h. 35

A 6 heures, les 2ᵉ, 3ᵉ, 5ᵉ, et 6ᵉ prises donnent des signes assez nets de coagulation. Les autres sont fluides.

Le lendemain soir, les prises 2, 3, 5 et 6 ont donné un caillot mou, la 7ᵉ commence à coaguler, les autres sont fluides.

Autopsie : *ovaires atrophiés, un petit kyste sur l'ovaire droit, pas de corps jaunes.*

Mêmes résultats, confirmant les précédents.

9°. EXPÉRIENCE DU 28 FÉVRIER 1912

Chienne ; poids : 7 k. 500. Très jeune.

A 3 h. 13, nous injectons 7 cmc. 5 solution II dans une mésaraïque et à 3 h. 28 nous faisons une prise demeurée fluide à 6 h. 30 ; à 3 h. 43, nous injectons 10 cmc. d'ocréine dans la jugulaire droite et nous prélevons 3 prises de 5 en 5 minutes.

1re prise	3 h. 53
2e prise	3 h. 58
3e prise	4 h. 3

A 4 h. 10, nouvelle injection de 14 cmc. d'ocréine dans la jugulaire, et prélèvements de 4 autres prises de 5 en 5 minutes.

4e prise	4 h. 20	
5e prise	4 h. 25	à 6 h. 30 aucune coagulation
6e prise	4 h. 30	
7e prise	4 h. 35	

Le lendemain les 4e et 5e prises offrent seules quelques traces de coagulation.

Autopsie : *aucune trace de corps jaunes dans les ovaires.*

Mêmes résultats.

10°. EXPÉRIENCE DU 5 MARS 1912

Chienne ; poids : 17 k. 200 ; bête en rut (a été absente deux jours du chenil).

A 3 h. 50, nous injectons 18 cmc. solution II et à 4 h. 18 nous faisons deux prises demeurées fluides à 6 h. 30, ainsi que le lendemain.

A 4 h. 20, nous injectons 12 cmc. d'ocréine dans la jugulaire droite et prélevons 5 prises :

1re prise.....	4 h. 35	
2e prise.....	4 h. 45	
3e prise.....	4 h. 50	à 6 h. 30 aucune coagulation
4e prise.....	5 heures	
5e prise.....	5 h. 10	

Autopsie : ovaires gonflés présentant de nombreux follicules de Graff à la veille de la rupture ; aucun corps jaune.

Cette expérience étant la 5e consécutive donnant, dans les mêmes conditions, les mêmes résultats, il nous semble que notre hypothèse est suffisamment vérifiée. On ne peut faire intervenir comme cause une différence de qualité dans l'ocréine employée, car nous nous sommes servi constamment du même flacon depuis le début de nos expériences. Il ne reste de cause possible et certaine que *l'interversion des injections* de gui et d'ocréine. Si l'ocréine est injectée la première, elle immunise le sang de l'action anticoagulante du gui. Si le gui est injecté le premier, il obvie à l'action coagulante de l'ocréine.

Pour en être plus assuré, nous nous proposons de faire la contre-épreuve, en revenant à des expériences où nous introduirons l'ocréine la première dans la circulation, par voie alimentaire et par injection.

11°. EXPÉRIENCE DU 13 MARS 1912

Chienne ; poids : 8 k. 150.

Cette chienne a reçu au préalable, dans ses aliments, 5 cmc. d'ocréine pendant 6 jours consécutifs.

A 3 h. 10, nous injectons 4 cmc. d'ocréine dans la jugulaire droite.

A 3 h. 30, nous injectons 8 cmc. 5 solution II dans la mésaraïque, et nous prélevons 4 prises carotidiennes de 10 en 10 minutes. A 4 h. 20, nous injectons à nouveau 5 cmc. d'ocréine dans la fémorale droite et opérons 5 nouvelles prises de 10 en 10 minutes.

A 5 h. 30 (la dernière prise était à 5 h. 15), signes très nets de coagulation dans toutes les prises.

Le lendemain, elles ont toutes expulsé leur sérum.

Autopsie : *ovaires présentant des traces anciennes de corps jaunes en régression complète.*

Donc cette chienne *sans corps jaunes* devait, comme ses cinq congénères des cinq précédentes expériences, subir l'action anticoagulante du gui, semblablement au chien, mais ici les conditions étaient changées, et l'injection d'ocréine avait précédé celle du gui ; d'où le résultat contraire.

12°. EXPÉRIENCE DU 20 MARS 1912

Chienne ; poids : 17 k. 500.

Cette chienne reçoit au préalable, pendant 3 jours consécutifs, 5 cmc. d'ocréine dans ses aliments.

A 3 h. 25, nous injectons 8 cmc. d'ocréine dans la jugulaire droite.

A 3 h. 45, nous injectons 17 cmc. solution II.

A 4 h. 10, nous prélevons de 10 en 10 minutes 4 prises de sang carotidien.

A 4 h. 45, nouvelle injection de 5 cmc. d'ocréine, et à 5 heures, nouveau prélèvement de 4 prises carotidiennes.

A 6 h. 10, toutes les prises sont coagulées, mais les 4 dernières plus rapidement.

Autopsie : *La chienne a des petits développés dans les cornes de l'ovaire et présente quelques corps jaunes en pleine régression.* Elle a donc subi peut-être deux actions, mais toutes deux antérieures au gui, et la coagulation s'est produite.

13°. EXPÉRIENCE DU 27 MARS 1912

Chienne; poids : 8 k. 500.

Cette chienne a reçu consécutivement pendant 6 jours 5 cmc. d'ocréine dans ses aliments.

A 3 h. 35, nous injectons 6 cmc. d'ocréine dans la jugulaire droite.

A 3 h. 55, nous injectons 8 cmc. 5 solution II.

A 4 h. 20, prélèvement de 4 prises carotidiennes, de 10 en 10 minutes.

A 5 heures, nouvelle injection de 5 cmc. d'ocréine.

A 5 h. 10, second prélèvement de 3 autres prises.

A 6 h. 30, tous les sangs sont coagulés.

Autopsie : *ovaires sans corps jaunes.*

Toujours les mêmes résultats.

14°. EXPÉRIENCE DU 3 AVRIL 1912

Chienne ; poids : 12 k. 500. Adulte a déjà porté.

Cette chienne a reçu quotidiennement pendant 3 jours 5 cmc. d'ocréine dans ses aliments.

A 3 h. 30, injection de 6 cmc. d'ocréine dans la jugulaire droite ; ensuite, prélèvement de sang carotidien. Il se coagule un peu plus lentement que le sang normal, en 18' à 20' (*constatation déjà faite au début de ce chapitre, expériences 1, 2, 3*).

A 3 h. 50, injection de 12 cmc. 5 solution II.

A 4 heures, prélèvement de 4 prises, de 10 en 10 minutes, qui coagulent chacune en 5 minutes, et cette rapidité ajoute une nouvelle confirmation à notre remarque de l'expérience 3.

A 4 h. 40, nouvelle injection de 6 cmc. d'ocréine dans la fémorale droite, avec 3 nouveaux prélèvements qui coagulent aussi bien plus vite que le sang normal.

Le lendemain, toutes les prises ont expulsé leur sérum.

Autopsie : Les *ovaires contiennent des corps jaunes très développés*. Nous les conservons dans l'eau salée.

Dans cette expérience, l'effet est double par la présence naturelle des corps jaunes.

Récapitulons ces expériences qui peuvent se diviser en deux catégories.

A. — Celle où l'ocréine a été injectée avant le gui, 1, 2, 3, 4, 11, 12, 13, 14. Dans toutes, il y a eu coagulation. Toutefois, nous ne tiendrons pas compte de 2, 3, 14, car l'autopsie y a révélé l'existence des corps jaunes existant naturellement, ce qui a rendu inutile l'introduction de l'ocréine.

B. — Celle où l'ocréine a été injectée après le gui, 5, 6, 7, 8, 9, 10. Dans toutes, le sang est resté fluide, sauf dans la 5e que nous devons négliger, puisque l'autopsie y a révélé l'existence des corps jaunes dans les ovaires.

Donc, de cette longue série, se dégagent plusieurs conclusions formelles, et scientifiquement établies :

1° Qu'il y a une influence sexuelle qui rend, dans certains cas, le sang de la chienne *in vivo* réfractaire à l'action anticoagulante du gui ;

2° Que cette influence provient des ovaires, selon qu'ils contiennent ou non des corps jaunes ;

3° Que ces corps jaunes exercent le même effet quand ils sont introduits artificiellement dans la circulation, mais *antérieurement* à l'introduction du gui.

Nous aurions pu nous en tenir là. Mais il nous a paru intéressant de pousser plus loin, en faisant une contre-épreuve. Si ce sont, en effet, les corps jaunes qui agissent, on comprend pourquoi les mâles ne peuvent pas réagir contre ce gui. Mais, serait-il impossible de les *féminiser* en quelque sorte? Autrement dit, ne pourrait-on pas donner à leur sang la vertu réactive du sang des femelles, en introduisant dans leur circulation un extrait des organes féminins? C'est ce que nous résolûmes de tenter dans une nouvelle série d'expériences.

ESSAIS DE FÉMINISATION DU CHIEN

15º. EXPÉRIENCE DU 14 JUIN 1911

Chien; poids : 12 k. 500.

Nous prenons les ovaires de deux chiennes ayant servi à nos expériences antérieures, et dont le sang, réfractaire au gui, avait coagulé. Ils avaient été, on l'a vu, conservés dans une solution sursaturée de sel marin.

Nous les découpons finement, nous les lavons à l'eau distillée, et nous les broyons avec du sable fin, traité avec HCl, et lavé également à l'eau distillée jusqu'à disparition des impuretés. Nous ajoutons petit à petit 12 cmc. d'eau distillée et laissons digérer 2 heures en retriturant de temps en temps ; nous filtrons ensuite à la trompe et complétons à 12 cmc.

A 3 h. 15, nous injectons dans la jugulaire droite du chien 5 cmc. de cet extrait d'ovaire, sans pouvoir en injecter davantage, car il se produit un fort boursoufflement de la veine.

A 4 h. 25, nous injectons dans une mésaraïque 12

cmc. 5 solution II (50 °/₀) et nous faisons 3 prélèvements de 10 en 10 minutes.

$$
\begin{aligned}
&1^{re}\ prise\ldots\ldots\ \ 4\ h.\ 30\\
&2^{e}\ prise\ldots\ldots\ \ 4\ h.\ 40\\
&3^{e}\ prise.\ \ldots\ \ 4\ h.\ 50
\end{aligned}
$$

A 5 heures, nous injectons à nouveau 6 cmc. de notre extrait d'ovaire, dans la fémorale droite, en constatant le même boursouflement que pour la jugulaire et nous faisons 4 autres prises également échelonnées.

$$
\begin{aligned}
&4^{e}\ prise\ldots\ldots\ \ 5\ h.\ 10\\
&5^{e}\ prise\ldots\ldots\ \ 5\ h.\ 20\\
&6^{e}\ prise\ldots\ldots\ \ 5\ h.\ 30\\
&7^{e}\ prise\ldots\ldots\ \ 5\ h.\ 40
\end{aligned}
$$

A 6 heures, la première prise donne des signes nets de coagulation. La 4ᵉ aussi. Les autres sont fluides.

A 6 h. 30, les 1ʳᵉ et 4ᵉ prises sont bien coagulées, et les 2ᵉ et 5ᵉ commencent nettement. Les autres sont fluides.

Le lendemain matin :

$$
\begin{aligned}
&1^{re}\ et\ 4^{e}\ prises,\ caillot\ normal\ sans\ sérum.\\
&2^{e},\ 5^{e}\ et\ 6^{e}\ prises,\ caillot\ mou\ \qquad —\\
&3^{e}\ \ et\ 7^{e}\ prises,\ caillot\ très\ mou\ \qquad —
\end{aligned}
$$

Ainsi, quel que soit le sexe, l'extrait d'ovaire à corps jaunes, injecté, exerce une action réagissant contre

celle du gui, action évidemment fugace et moins carac-
térisée, mais de même nature que chez la chienne.

Passons maintenant à l'ocréine, introduite par injection et par voie alimentaire.

16°. EXPÉRIENCE DU 17 JANVIER 1912

Chien; poids : 20 k. 700.

Ce chien a reçu quotidiennement depuis 6 jours
5 cmc. d'ocréine dans ses aliments.

A 3 h. 5, nous injectons 5 cmc. d'ocréine dans la
jugulaire droite, et à 3 h. 8 nous faisons une prise caro-
tidienne qui coagule dans le temps normal.

A 3 h. 30, nous injectons 21 cmc. solution II (50 %)
dans une mésaraïque et nous opérons 4 prélèvements :

1re prise......	3 h. 40
2e prise......	3 h. 50
3e prise......	4 heures
4e prise......	4 h. 15

A 4 h. 20, nouvelle injection de 5 cmc. d'ocréine
dans la fémorale droite, et prélèvement de 3 nouvelles
prises :

5e prise......	4 h. 38
6e prise......	4 h. 48
7e prise......	4 h. 58

A 5 h. 10, troisième injection de 8 cmc. d'ocréine dans la fémorale gauche et prélèvement de 4 autres prises :

8ᵉ prise......	5 h. 15
9ᵉ prise......	5 h. 20
10ᵉ prise......	5 h. 25
11ᵉ prise......	5 h. 30

A 5 h. 40, le sang le plus coagulé est celui de la 10ᵉ prise. La 9ᵉ l'est presque, la 8ᵉ donne des indices très nets, la 11ᵉ l'est le moins de toutes. .

Il semble donc qu'il faille un temps d'au moins 15′ après l'injection d'ocréine pour que l'effet soit maximum.

A 6 heures, les 9ᵉ et 10ᵉ prises sont entièrement coagulées.

La 8ᵉ se prend, et la 11ᵉ donne seulement des indices.

Le lendemain matin :

1ʳᵉ prise................	caillot un peu mou sans sérum
2ᵉ, 3ᵉ et 4ᵉ prises........	caillot très mou —
5ᵉ prise................	caillot mal caillé ..
6ᵉ et 7ᵉ prises..........	caillots assez durs —
8ᵉ 9ᵉ et 10ᵉ prises.......	caillots durs avec sérum
11ᵉ prise	caillot mousans sérum

Donc cette expérience appuie la précédente. L'effet de l'ocréine est assurément moindre que chez la chienne, puisqu'il faut répéter l'emploi, à dose massive, et que le sang a caillé dix fois, sans donner de sérum, mais caillé.

17°. EXPÉRIENCE DU 10 AVRIL 1912

Chien ; poids : 15 k. 200.

Ce chien a reçu pendant 5 jours consécutifs 6 cmc.
d'ocréine dans ses aliments.

A 3 heures, nous injectons 6 cmc. d'ocréine dans la
jugulaire droite, et à 3 h. 5, nous faisons un prélèvement carotidien qui coagule dans le temps normal.

A 3 h. 30, nous injectons 15 cmc. solution II (50 %)
dans une mésaraïque, et nous prélevons 3 prises.

$$1^{re} \text{ prise} \dots \dots \quad 3 \text{ h. } 40$$
$$2^{e} \text{ prise} \dots \dots \quad 3 \text{ h. } 45$$
$$3^{e} \text{ prise} \dots \dots \quad 4 \text{ heures}$$

A 4 h. 10, nouvelle injection de 8 cmc. d'ocréine
dans la jugulaire droite, et 3 autres prélèvements.

$$4^{e} \text{ prise} \dots \dots \quad 4 \text{ h. } 30$$
$$5^{e} \text{ prise} \dots \dots \quad 4 \text{ h. } 40$$
$$6^{e} \text{ prise} \dots \dots \quad 4 \text{ h. } 50$$

A 5 heures, troisième injection d'ocréine dans la
fémorale droite, et 5 derniers prélèvements.

7ᵉ prise..........	5 h. 10
8ᵉ prise..........	5 h. 15
9ᵉ prise..........	5 h. 25
10ᵉ prise..........	5 h. 30
11ᵉ prise..........	5 h. 35

A 5 h. 45, le sang le plus coagulé est celui de la 9ᵉ prise, la 4ᵉ et la 8ᵉ présentent des indices très nets ; les autres sont fluides.

A 6 heures :

1ʳᵉ prise presque coagulée
2ᵉ prise, indices de coagulation
3ᵉ prise presque fluide
4ᵉ prise presque coagulée
5ᵉ prise coagulée
6ᵉ et 7ᵉ prises, indices de coagulation
8ᵉ et 9ᵉ prises nettement coagulées
10ᵉ prise, quelques indices
11ᵉ prise fluide

L'effet de l'ocréine semble donc être au maximum 15′ après l'injection.

Il est fugace, puisqu'il a fallu de nouvelles injections.

Le lendemain matin :

1ʳᵉ prise	caillot	un peu mou	sans sérum
2ᵉ et 3ᵉ prises	—	très mou	—
4ᵉ et 5ᵉ prises	—	normal	—
6ᵉ prise	—	mou	—
7ᵉ prise	—	mou	—
8ᵉ et 9ᵉ prises	—	dur	avec sérum
10ᵉ prise	—	mou	sans sérum
11ᵉ prise	—	très mou	—

Il n'y a donc pas d'erreur possible, les corps jaunes font comporter le chien comme la chienne, à un degré moindre, mais certain. Et cette expérience d'interversion sexuelle est indubitable.

Mais pour être complet ne faudrait-il pas pouvoir *masculiniser* la chienne comme nous venons de *féminiser* le chien ? Car si la chienne se comporte comme le mâle quand ses ovaires sont privés de corps jaunes et en non activité sexuelle, elle *doit* à plus forte raison se comporter comme le mâle quand elle n'a pas d'ovaires du tout.

C'est ce qui nous restait à contrôler. Pour cela, nous avons dû faire une ovariotomie.

L'animal guéri fut traité par le gui ; or, après l'injection le sang resta fluide. — Donc le sang de cette chienne (*masculinisée*) se comporta exactement comme celui du chien.

Une autre chienne fut encore ovariotomisée. Quand elle fut guérie, nous lui avons injecté de l'ocréine dans une jugulaire. Si notre théorie des corps jaunes était exacte, l'animal devait à ce moment être rendu à sa vie sexuelle propre, et son sang devenir coagulable malgré le gui. Nous lui avons donc injecté notre solution II (50 %) et son sang a coagulé.

Ainsi, il était en notre pouvoir, non seulement de priver les chiennes d'une propriété inhérente à certain stade de leur vie sexuelle mais encore de la leur restituer à notre gré.

18°. EXPÉRIENCE DU 10 AVRIL 1912

Chienne adulte ; poids : 12 k. 950.

Le 10 avril, nous pratiquons l'ovariotomie.

Le 25 avril, nous injectons dans une mésaraïque 13 cmc. solution II (50 %), et nous prélevons plusieurs prises carotidiennes.

Toutes sont fluides deux jours après.

Nous avions donc, par l'ovariotomie, ôté en quelque sorte à la chienne une particularité de son sexe, et constaté que, désormais, semblable au chien, elle était aussi sensible que lui à l'action anticoagulante du gui. Nous venons de dire que nous avions pu ensuite lui rendre le privilège de son sexe, et par là nous entendons l'action spéciale des corps jaunes et dont un des effets est de réagir contre le gui ?

C'est pour pousser plus loin l'investigation, que nous avons voulu, sur les conseils de M. le Professeur Dubois, constater que « *sur la même chienne* » le gui agissant *avant*, n'agissait plus *après* l'injection d'ocréine.

Nous l'avons essayé. Deux mois après avoir *ovariotomisé* une chienne, et constaté que son sang était défi-

nitivement anticoagulable après injection d'extrait de
gui, nous l'avons mise au régime alimentaire d'ocréine
ci-dessus indiqué et nous avons constaté que : après
une nouvelle injection dans la jugulaire droite le sang
était maintenant coagulable, malgré une injection
postérieure de gui.

19". EXPÉRIENCE DU 28 JANVIER 1913

Chienne adulte ; poids : 12 k. 700.

L'ovariotomie a été pratiquée le 14 janvier.

Le 28 janvier, nous faisons, à 3 h. 50, une injection de 11 cmc. de notre solution II ; nous faisons les prélèvements suivants :

$$
\begin{aligned}
&1^{re} \text{ prise} \dots \dots \dots \quad 4 \text{ heures} \\
&2^e \text{ prise} \dots \dots \dots \quad 4 \text{ h. } 15
\end{aligned}
$$

Le soir, à 6 heures, les deux prises sont fluides.

Le lendemain, les prises sont toujours fluides.

Le 4 février, on a mis dans ses aliments 5 cmc. d'ocréine par jour et tous les jours jusqu'au 12 février.

20°. EXPÉRIENCE DU 12 FÉVRIER 1913

A 3 h. 1/2, on injecte 5 cmc. d'ocréine en tube fermé (préparation vieille de un an 1/2) dans la fémorale droite.

A 3 h. 35, on injecte dans la mésaraïque 11 cmc. de solution II ; nous faisons les prélèvements à :

<pre>
          1re prise......... 3 h. 46
          2e prise......... 3 h. 52 '
          3e prise......... 4 heures
</pre>

A 4 h. 15, ces prises ont une tendance à coaguler.
A 4 h. 7, nous injectons de nouveau 6 cmc. d'ocréine.

<pre>
          4e prise......... 4 h. 21
          5e prise......... 4 h. 30
</pre>

Dans ces deux derniers cas nous avons été obligé de déboucher la canule pour faire la prise de sang.

A 4 h. 40, le sang de ces deux prises est coagulé.

A 4 h. 45, nous saignons à blanc, le sang se coagule très rapidement, comme dans le temps normal.

Le lendemain toutes les prises sont nettement coagulées. Ainsi donc sur la *même chienne* le gui agissait avant, mais n'agissait plus après l'injection d'ocréine.

*
* *

Cette dernière expérience mettait fin à nos travaux et les confirmait d'une manière péremptoire.

CONCLUSION

Nous voici au terme d'une longue étude et de
patientes observations qui n'ont pas duré moins de
quatre années.

Résumons nos résultats :

Nous venons de démontrer d'une façon indiscutable :

1° Que l'immunité contre l'action anticoagulatrice
du gui est due chez les femelles à la présence des
corps jaunes déversant dans l'organisme un principe
spécial. Car la chienne n'est réfractaire qu'autant que
ses ovaires contiennent des corps jaunes, ou que
ceux-ci ont été introduits artificiellement dans sa circulation par injection ou par voie alimentaire ;

2° Que chez le chien c'est faute d'ovaires, et par
conséquent de corps jaunes, qu'il subit l'action du
gui ; mais qu'en modifiant passagèrement son état en
introduisant pour cela dans sa circulation du suc
ovarique, on arrive à le rendre, pendant un certain
temps et d'une certaine façon, réfractaire à l'action
du gui ;

3° Enfin que la *préexistence* des corps jaunes, soit
sous forme naturelle, soit sous forme artificielle, est

tellement nécessaire que l'action anticoagulatrice du gui ne peut être empêchée chaque fois que celui-ci se trouve introduit d'abord dans le sang normal, quelle que soit l'addition postérieure de corps jaunes injectés en masse. Et ainsi, les expériences dont au premier abord les résultats semblaient contradictoires voient au contraire ces résultats expliqués avec une parfaite logique.

Maintenant pouvons-nous dire comment et pourquoi agissent les corps jaunes dans cette réaction ? Il est certain qu'ils n'ont pas un effet direct, puisque, mêlés au sang *in vitro*, ils demeurent inagissants. Ils agissent donc probablement par l'intermédiaire d'un autre organe.

Quel est cet organe ?

A première vue, il semble que ce doive être l'ovaire lui-même puisqu'en supprimant les ovaires à une chienne, celle-ci devient immédiatement aussi sensible à l'action du gui que le chien. — Mais les chiens n'ont pas d'ovaires, et cependant nous avons vu que les corps jaunes introduits dans leur circulation font réagir leur sang contre l'action du gui. Il s'ensuit que les ovaires doivent certainement jouer un rôle, mais pas unique, puisqu'on peut se passer jusqu'à un certain point d'eux, en obtenant des effets analogues.

Quel est, ou quels sont les autres organes actifs ?

Nous laisserons à d'autres chercheurs la solution du problème, à moins que nous ne le poursuivions un jour nous-même.

Telles quelles, nos expériences nous semblent offrir un réel intérêt, non seulement en ce qui concerne les propriétés de l'extrait de gui et un rôle insoupçonné des corps jaunes, mais à un point de vue plus général.

Jusqu'ici, en effet, dans les travaux des laboratoires, on n'avait jamais fait de différence entre les sexes des animaux, et l'on éprouvait l'action des substances diverses sur les lapins et les cobayes, indistinctement mâles ou femelles. Nous venons de constater une différence sexuelle qui peut, et doit attirer l'attention pour l'avenir.

Rien que dans le cas de la coagulation par nous étudié :

1° Cette réaction est-elle particulière au sexe féminin de l'espèce canine ?

2° L'extrait de gui est-il la seule substance anticoagulante contre laquelle les corps jaunes immunisent ?

Ce sont deux problèmes à résoudre.

Le champ des études demeure donc ouvert. Il nous suffit d'avoir indiqué une voie nouvelle, que nous croyons devoir être féconde, et d'avoir ainsi, dans la mesure de nos moyens, apporté une petite pierre à l'édifice scientifique.

BIBLIOGRAPHIE

Action anticoagulante de l'extrait de gui, Doyon et Gautier, Biologie 1909, pages 547-567.

— *Chiens résistants à la peptone*, Dastre et Floresco, Biologie 1896, page 243 (Harley, cité par Dastre et Floresco).

— *Prétendue résistance de certains chiens*, Gley, Biologie 1896, page 243.

— *Immunisation contre la peptone par le gui*, Doyon et Gautier, Biologie 1909, page 719.

TABLE DES MATIÈRES

MACON, PROTAT FRÈRES, IMPRIMEURS.

9 782329 075112